LE
SEIGNEUR TIGRE

LE BUFFLE, LE NAJA
L'HIPPOPOTAME ET LE SINGE

PAR

DANIEL ARNAULD

OUVRAGE ILLUSTRÉ DE 12 GRAVURES

PARIS

LIBRAIRIE DE FIRMIN-DIDOT ET Cie

IMPRIMEURS DE L'INSTITUT, RUE JACOB, 56

1889

LE

SEIGNEUR TIGRE

YPOGRAPHIE FIRMIN-DIDOT. — MESNIL (EURE).

LE
SEIGNEUR TIGRE

LE BUFFLE, LE NAJA
L'HIPPOPOTAME ET LE SINGE

PAR

DANIEL ARNAULD

OUVRAGE ILLUSTRÉ DE 12 GRAVURES

PARIS

LIBRAIRIE DE FIRMIN-DIDOT ET CIE

IMPRIMEURS DE L'INSTITUT, RUE JACOB, 56

1889

LE
SEIGNEUR TIGRE

LE TIGRE DANS L'INDO-CHINE

I.

Les régions de la Cochinchine française,
du Cambodge, celles de l'Annam et du Tonkin, celles de tout le centre de l'Indo-Chine
appartenant au Siam ou habitées par des
tribus de sauvages indépendants, présentent
des aspects extrêmement variés, mais partout le tigre y tient le premier rang parmi les
animaux qui se font craindre.

Jusqu'ici les Français, à l'exception de
quelques voyageurs, n'ont guère appris à
connaître le tigre que dans la Basse-Cochin-

chine. Nos officiers, grâce à leurs excellentes carabines, en tuent, bon an mal an, une centaine, — tigres et panthères, — dans le pays situé entre les rizières qui s'étendent de la mer de Chine à Saïgon, et les forêts qui forment, au nord, la limite de nos possessions.

Les bas-fonds sont cultivés en rizières, mais sur les terres hautes et sèches, du milieu d'une plantation de cannes à sucre, de tabac, de coton, d'arachides ou d'indigo, de derrière chaque grand figuier banian, chaque manguier, chaque touffe de bambous, on peut s'attendre à voir surgir, menaçant, le redoutable félin. Là, le tigre vit dans le voisinage des éléphants, des rhinocéros, des cerfs et des troupeaux de buffles sauvages.

Mais qu'il s'agisse des vastes solitudes du massif montagneux et boisé de Tourane, des langues de sable envahies par les broussailles parallèles à la mer dans l'est, des lagunes qui suivent la côte jusqu'au fleuve

Rouge du Tonkin, des dunes couvertes de cocotiers, des hautes chaînes de montagnes, qui séparent l'Annam du bassin du Mékong; qu'il s'agisse des plaines verdoyantes découpées en immenses champs de riz, sillonnés de rideaux boisés, au milieu desquelles se trouve Hué, avec sa rivière bordée de roseaux, de bambous, de palmiers d'eau, de sycomores, de banians, dont les grandes branches viennent se baigner dans le fleuve ; qu'il s'agisse enfin des rivages du golfe du Tonkin, peu connus, peu sûrs, et que les Annamites nomment la « côte de fer, » ou des magnifiques forêts que le Mékong ou le Ménam inondent de leurs eaux coulant à plein bord, les tigres se rencontrent partout.

Ils viennent rôder autour des villages, autour des *trams*, établis sur les grandes routes, et où le voyageur trouve un abri et le gouvernement des courriers, toujours prêts à transmettre au *tram* suivant le tube de bambou où sont enfermées les dépêches. Ils attaquent les piétons isolés, les cultivateurs dans leurs champs, les soldats cochinchinois affamés, qui s'en allaient à la maraude avec la permission de leurs mandarins.

On peut croire que le tigre s'est multiplié dans l'Indo-Chine à la faveur de la crainte respectueuse que les habitants éprouvent pour lui. Ne pouvant le détruire, ils essayent de l'amadouer; c'est peine perdue, comme on le pense bien.

Les Annamites n'ont que la lance à opposer à leur redoutable adversaire; un gouvernement soupçonneux ne leur permettait pas d'être mieux armés. Il faudrait, comme à Java, quand on se livre à une battue, entourer la terrible bête, délogée de son repaire, d'un triple rang de lances, ne lui permettant ni de se dérober, ni de s'élancer et de choisir ses victimes.

Mais les Annamites ne sont pas gens à s'associer pour une telle besogne. Ils préfèrent se barricader dans leurs cases, une

Fig. 1. — Tigre royal de l'Inde.

fois la nuit venue ; les moins timides se contentent de masquer les ouvertures avec des paravents. Sous l'influence de la peur, les villages se groupent le plus près possible des villes dont ils forment des faubourgs. Hué, la capitale de l'Annam, n'est pas autre chose qu'un assemblage de faubourgs, au centre desquels se dresse une citadelle, demeure du roi, de sa cour et de ses ministres. Les campagnes, par suite, sont médiocrement peuplées.

Nous lisons dans les notes d'un officier distingué de notre armée d'occupation en Cochinchine, que les Annamites poussent la considération à l'égard du tigre jusqu'à la vénération ; ils parlent de lui avec un profond sentiment de respect, comme s'ils craignaient d'encourir un châtiment quelconque en tenant sur son compte de sots propos ; ils font en son honneur des sacrifices propitiatoires, suspendent son image au-dessus de la porte de leurs habitations, ainsi qu'aux autels de leurs génies familiers, et s'ils se départent de ces façons d'agir, ce n'est vraiment que dans le cas de légitime défense.

Un jour, un Annamite nommé Miou, habitant l'arrondissement de Thu-Dau-Mot, travaillait dans un terrain marécageux, où il enfonçait jusqu'aux genoux; armé d'un méchant couperet, il faisait des faisceaux de lianes de rotin. Un gros tigre le guettait, prêt à surgir des broussailles voisines; quand il vit l'homme si bien embourbé, le tigre s'élança sur lui.

Miou, oublieux de tout respect et ne manquant ni de courage, ni de force, tint tête à son agresseur, et fit si bien qu'avec son couperet il lui abattit une patte et lui ouvrit le crâne.

Le tigre roula dans la vase, où il acheva de souiller sa belle robe, déjà maculée de son sang. C'était pitié d'assister à son agonie. Aussi Miou eut-il des remords. Il s'assit près de la bête et entreprit de se justifier.

« Aussi pourquoi, lui dit-il, chercher à me manger? En quoi avais-je mérité un traitement si cruel de la part du seigneur tigre? N'ai-je pas toujours montré pour lui dans mes paroles et mes actions toute la considération désirable? N'ai-je pas toujours accroché à l'endroit le plus en vue de ma maison l'image de Sa Seigneurie? Quand ai-je jamais manqué de l'honorer par des cérémonies et des offrandes, selon les vieux us et coutumes? Chasseur, j'ai toujours évité avec un grand soin de déranger Sa Seigneurie dans ses expéditions. »

Le naïf Annamite eût sans doute continué encore longtemps sur le même ton à s'excuser et à plaindre le sort du tigre, lorsque la bête agonisante, dans une suprême convulsion, décocha au beau parleur, qui s'était trop approché, un coup de patte, qui lui laboura profondément le visage.

Cette réplique inattendue n'était nullement du goût de Miou. Perdant tout sang-froid, il se mit à hacher la bête traîtresse à l'aide de son couperet, sans même se préoccuper de ne pas enlever tout son prix à la fourrure.

Depuis lors, Miou le balafré s'est cru autorisé à se venger sur la race tout entière de l'animal dont il porte les marques ineffaçables. Il a déjà détruit plus de quinze tigres ou panthères; mais il ne s'en vante pas; il craindrait, selon la superstition établie, que les mânes des victimes immolées à sa vengeance n'excitassent les survivants de leur race contre lui et les siens.

Autre histoire de même provenance. Un Annamite y montre aussi beaucoup de déférence pour le « Seigneur tigre », mais en y alliant la prudence.

C'était un chasseur qui, s'étant aventuré dans la forêt, avait trouvé en s'en retournant chez lui, couché en travers, au beau milieu de la route qu'il lui fallait suivre, un énorme tigre. Bien qu'armé d'un fusil à deux coups convenablement chargé, l'indigène n'essaya nullement de le tuer ; loin de là : il s'avança vers la bête immobile, lançant en avant la poitrine et le ventre ainsi que le fait tout Annamite, sans plier la jambe, en levant à peine les pieds.

Après avoir fait au tigre des salutations comme à un grand mandarin, il lui demanda la permission de passer, en lui exposant qu'il n'était qu'un pauvre chasseur, s'en allant, à travers les forêts, en quête de quelque pièce de gibier, attendue par sa famille.

On voit d'ici cette scène : le tigre étendu, gigantesque, superbe, indifférent ; l'Annamite de petite taille, avec un visage étroit du front, élargi dans son milieu par des pommettes saillantes, un nez court, une bouche aux dents noires et aux lèvres rougies par la mastication de la chique de bétel et d'arec.

Le tigre ne faisait point mine de vouloir se déranger. L'Annamite devint plus pressant, plus éloquent ; il jura qu'il avait toujours professé le plus grand respect pour la race des seigneurs tigres; qu'il se regardait comme leur inférieur et leur serviteur très humble.

Le tigre se contentait de frapper le sol de sa queue comme s'il ne comprenait pas ou n'était pas touché par une si pressante prière. Alors l'Annamite se fâcha. Il employa les gros mots pour faire sortir le tigre de cette insolente immobilité; il cria, il frappa dans ses mains. Peine perdue!

Mettre son fusil en joue et envoyer une balle à la bête récalcitrante, cela fut fait en quelque sorte sans réflexion; mais le tigre ne bougea pas davantage.

Il pleuvait très fort, et notre homme qui ne possédait qu'un fusil à piston ne pouvait le recharger; il n'osa point tirer le deuxième coup de peur de se trouver pris au dépourvu, si le tigre venait à l'attaquer; il dut se résigner à rentrer chez lui par le chemin le plus long.

Le lendemain, une trace de sang sur le sol indiqua que la balle avait atteint sérieusement le tigre; et quelques jours après, des bûcherons, voyant les vautours planer au-dessus d'un taillis, non loin de là, y découvrirent le cadavre du félin, portant les marques d'une double blessure dans la région du cœur. Le tigre s'était traîné en cet endroit. Il fallait qu'il eût été blessé à mort pour se résoudre à changer de place.

Ce sont peut-être là de ces histoires que les chasseurs agrémentent en les racontant chemin faisant pour raccourcir les distances. Le tigre y a un faux air du tigre de la fable : il ne lui manque que la parole.

Mais les drames où il joue un rôle sanglant abondent dans la contrée; ce ne sont pas plus des propos de chasseur que des contes de nourrice.

En remontant le cours du Mékong, et près de Samboc, se trouve une pagode, centre d'un établissement de bonzes, qui tiennent une école de jeunes « bonzillons », quelque chose comme un séminaire bouddhiste. Ces bonzes et leurs élèves occupent des cases disposées autour de la pagode, au milieu de ces grands figuiers dont les troncs se multiplient par les branches, et que les Annamites nomment *cay-bodé*.

Dans le Cambodge, les habitations sont construites sur pilotis à une hauteur de deux ou trois mètres au-dessus du sol. Des villages entiers sont ainsi suspendus, que la plaine soit humide ou non. Cette disposition n'est pas rigoureusement suivie dans la Cochinchine, où les villages s'élèvent au bord des cours d'eau, sur la rive même.

Or, les tigres franchissent avec facilité les fossés, les enclos et les palissades; mais les cases qui servaient de dortoirs se trouvaient, grâce à leur élévation, mises un peu hors de l'atteinte de ces animaux. Des échelles qu'on retirait avant de se coucher y donnaient accès; l'ouverture était fermée soigneusement par des panneaux se mouvant dans des rainures.

Un soir d'été, l'échelle d'une de ces cases avait été tirée en dedans comme d'habitude, mais on négligea de fermer l'ouverture. Le lendemain, un affreux spectacle s'offrit à la vue de ceux qui se présentèrent devant la case et qui y pénétrèrent en tremblant; deux tigres, ainsi qu'on put en juger par les empreintes de leurs pas, étaient parvenus à s'introduire dans le dortoir, et quinze petits bonzes, c'est-à-dire tous, avaient été déchirés et dévorés par eux; il ne restait plus que d'informes débris de ces malheureux enfants, étranglés, étouffés et mis en lambeaux pendant leur sommeil et dont les cris n'avaient même pas été entendus.

C'est là un fait assez récent.

Un autre, tout aussi émouvant, mais plus étrange, s'est produit plus récemment encore.

Un *sampan* couvert (espèce de barque),

de grande dimension, descendait la rivière de Hué. Il appartenait à un Annamite qui s'en servait pour transporter au marché de la capitale des légumes de son jardin, aubergines, concombres, raves, patates douces, etc.

Il chantait, assis à l'arrière du bateau en tenant la barre du gouvernail, tandis que sa femme, ses deux filles et son jeune garçon, vêtus d'un simple caleçon de toile, les bras nus, le torse nu, maniaient l'aviron en répétant le refrain de la chanson du père. La barque venait de dépasser le village de Thang-hô et se trouvait à la hauteur du bois de bambous et d'aréquiers qui décorent, sur la gauche, la berge rougeâtre.

A un coude du fleuve où, pour éviter le courant, il fallait se pousser à la perche en suivant de très près la rive, à laquelle aboutissait un vallon cultivé en rizière, un tigre de haute taille bondit en rugissant sur le toit de nattes et de paille du sampan.

A son aspect, tous jettent un cri d'épouvante; le jardinier et son fils se précipitent dans l'eau, tandis que déjà les pauvres femmes, paralysées par la peur, reçoivent de la cruelle bête de rapides coups de patte, qui les renversent et les déchirent. En un instant, le tigre eut étranglé et mis en pièces la mère et les deux jeunes filles.

Le sampan, allant à la dérive, avait pris le milieu du fleuve. Le tigre s'accroupit alors derrière les bottes de légumes, bien repu et rendu plus féroce encore par son repas de chair saignante. C'était un tigre ayant sur son pelage de longues et larges bandes blanches et noires, en forme de cercles alternant jusqu'au bout de la queue.

D'autres sampans croisèrent le sampan du jardinier, sans se douter de l'ennemi qu'il recélait.

Aux environs de Hué, la circulation est, en tout temps, difficile, sur le fleuve encombré de barques. Ce jour-là, dans un bateau superbe, un mandarin de première classe entouré de parasols, marques de sa dignité, s'étonnait que le sampan du maraîcher ne se rangeât pas plus vite; déjà il le faisait menacer du rotin, par le rameur placé en avant, lorsque le tigre, voyant enfin la possibilité d'atteindre la rive prochaine sans se mouiller, se jette sur le pauvre rameur, le bouscule et lui écrase plusieurs côtes et, sautant de bateau en bateau, atteint la campagne.

Le grand mandarin en mourut de saisissement.

Que serait-ce si l'on voulait relater les incidents de tous les jours : la vieille femme étranglée tandis qu'elle lave son linge au ruisseau voisin; le paysan déchiré, laissé pour mort aux abords de sa case où il voulait défendre ses bœufs; l'enfant enlevé et emporté comme un agneau au fond des bois! Mais ce sont des faits si ordinaires que, si la presse existait dans ces pays, elle ne leur donnerait même pas une place dans ses « faits divers ». C'est égal, les habitants de l'Indo-Chine paient un impôt onéreux au seigneur tigre !

II.

Les indigènes de l'Indo-Chine, et nous entendons surtout par cette désignation géographique la Cochinchine, l'Annam et le Tonkin, réunissant les hommes adroits de plusieurs tribus, organisent de grandes chasses au tigre.

Comme ils ne possèdent point d'armes à feu, ils se livrent à une battue sur un vaste terrain, un coin de forêt. Dans le contour du lieu qu'ils ont choisi, ils abattent les arbres sur une largeur de 8 à 10 mètres. Les arbres, les arbustes épineux, les plantes sarmenteuses, laissées sur place et enchevêtrées, constituent une clôture impénétrable. Cet obstacle est assez élevé pour qu'un petit nombre d'hommes, placés de distance en distance à l'extérieur, réussissent à empêcher quelque animal que ce soit de la franchir.

Dans cette ceinture de troncs d'arbres et de branchages, quatre endroits favorables sont choisis pour y laisser une étroite ouverture; c'est dans cette ouverture que l'on installe les pièges. Ils consistent en deux lourdes pièces de bois, dont l'une est couchée sur le sol, et l'autre, la plus grosse, suspendue horizontalement au-dessus de la première; elle n'est maintenue dans sa position que par une branche d'arbre, disposée de telle sorte que le moindre choc suffit à la déplacer, ce qui détermine la chute de la poutre.

Tout animal qui, pour sortir de l'enceinte, veut essayer de franchir l'obstacle que lui présente la pièce de bois inférieure, mise en travers de l'issue, doit, en sautant par-dessus, déterminer infailliblement le choc fatal, et la poutre lui brise les reins. Le tigre, la panthère, plus lestes que les biches, cerfs et marcassins, sauvent leur échine, mais pour laisser leur queue.

Dès que ces préparatifs sont terminés, une soixantaine de chasseurs ou rabatteurs, laissant leurs camarades au dehors pour accueillir comme il convient le gibier à sa sortie, pénètrent dans l'enceinte, se dirigeant vers le centre, et là, faisant volte-face et marchant dans toutes les directions, ils commencent la battue.

Ces braves gens n'ont pour tout vêtement qu'un *langouti*, bande d'étoffe qui, par sa disposition autour des reins, forme une sorte de caleçon; d'autres portent plus simplement encore une ceinture. Leurs cheveux sont rasés, à l'exception d'une queue qu'ils enroulent à un turban noir, ou qu'ils cachent sous un léger chapeau de paille; quelques-uns, à l'imitation des Annamites, portent leur longue chevelure tour-

Fig. 2. — La panthère.

née en torchon et fixée par un peigne de bambou; cette coiffure a pour ornement un fil de laiton, surmonté d'une crête de faisan.

Leurs traits sont généralement réguliers, avec un front développé, d'épais sourcils et une barbe assez bien fournie quand ils ne s'arrachent pas les poils des joues.

Certains de ces chasseurs portent suspendue sur leur poitrine, comme une amulette précieuse, une dent de tigre. Leur torse brun est légèrement velu; l'expression de leur physionomie est douce, mais il est rare que leur figure soit éclairée par un sourire : à en croire un voyageur, ils témoignent leur joie en ouvrant largement la bouche.

Ces sauvages paraissent heureux de leur sort. Le fait est qu'ils vivent à l'abri du besoin; et la demi-civilisation dont jouissent les Annamites ne leur fait point envie, car toute la supériorité de ceux-ci semble consister à recevoir, sur l'ordre et même

de la main des mandarins, de savantes dis-
tributions de coups de rotin — ce qu'on
appelle à Saïgon *la cadouille;* — et ils ne
veulent pas recevoir la cadouille.

Voilà donc les rabatteurs en mouvement.
Les chefs improvisés de chaque groupe en-
couragent leurs hommes à redoubler d'activité
en faisant entendre des *tiouc tiouc* répétés.
Parmi ces chefs, plusieurs frappent sur un
tam-tam, sorte de tambour formé d'une peau
clouée autour d'une caisse ronde en bois;
et les chasseurs qui les suivent choquent
l'un contre l'autre des bâtons creux; tous
poussent des cris aigus. Mieux vaut, à leur
avis, déloger la bête féroce en l'effrayant de
loin que de se trouver nez à nez avec elle.

Déjà, sur le périmètre du champ de chasse,
le succès de la battue commence à être ap-
préciable. Ici, se présente lourdement un
sanglier, qui tente le passage et fait l'épreuve
de l'appareil. Le sanglier est à peine achevé à coups de pieu, et la poutre remise en

place qu'un cerf, malgré son agilité, vient s'y faire prendre à son tour.

Un de nos compatriotes, se trouvant chez les indigènes de Sthuc-Ngua, et invité par eux à une de ces chasses, assure que le spectacle était des plus intéressants. Bien qu'il possédât une carabine, les pièges fonctionnaient si régulièrement qu'il n'eut pas à faire usage de son arme. Il allait en amateur d'un piège à l'autre.

Au moment où il s'y attendait le moins, dit-il, il entendit « un vacarme épouvantable, un concert de rugissements dont rien ne peut donner une idée. » Et il ajoute, dans ses notes : « Cette horrible cacophonie était produite par un maître tigre qui, ainsi qu'on m'en avait prévenu, se trouvait pris au piège par la queue, ce qui n'avait pas précisément l'air de le charmer ; c'est, du moins je pense, ce qu'il cherchait à exprimer par les cris terribles qu'il poussait et les contorsions effrayantes auxquelles il se livrait pour essayer d'améliorer sa position en retirant sa queue de l'étau qui l'étreignait. »

Le tigre, ainsi que le fait remarquer notre chasseur auxiliaire, n'est après tout qu'un chat plus ou moins gros et, comme tout honnête chat, il tend sa queue en sautant; or, sa queue est fort longue et dans la présente occurrence, l'animal, bien qu'assez leste pour éviter d'avoir les reins cassés, ne l'était pas suffisamment pour sauver sa queue.

Les chasseurs ne lui laissèrent pas le loisir de tenter de se dégager. Attirés en nombre par le vacarme que faisait la bête furieuse, ils s'empressèrent d'accourir et de la cribler de flèches. L'indomptable félin possédait encore tant de résolution et d'agilité, qu'avec ses pattes de devant il attrapait les flèches qu'on lui lançait et les brisait entre ses dents : de telle sorte que, pour parvenir à le tuer, on dut l'attaquer vigoureusement de plusieurs côtés à la fois.

A son pelage, rayé de bandes noires et jaunes, à la longueur de l'animal qui avait bien plus de 2 mètres, on reconnaissait le tigre royal, qui se trouve dans toutes les forêts de l'Indo-Chine. Il s'attaque à l'homme, mais se jette de préférence sur les bœufs, les buffles, les cerfs et les cochons sauvages. Sa force est telle qu'après avoir, de sa puissante griffe, ouvert le flanc à un buffle, il est capable de le traîner à une lieue et plus, pour le dévorer tranquillement. Il a deux cris bien distincts : l'un aigu quand il flaire sa proie de loin, et l'autre grave et terrible quand il s'élance sur elle.

Après le tigre royal, un tigre étoilé, beaucoup plus petit que ce dernier, vint se faire prendre au même piège et de la même manière; sa fourrure, marquée de taches noires sur un fond jaune, était magnifique. Successivement plusieurs chats-tigres, deux ou trois fois gros comme un chat domestique, grands dénicheurs d'oiseaux, croqueurs de poules et de canards, vinrent à leur tour se faire rompre les reins

Vers la fin de la journée, un jeune chasseur, encore novice, s'approcha imprudemment d'un grand cerf à l'agonie, et reçut de la bête un coup de pied, dont il mourut peu de jours après, malgré tous les efforts des sorciers du pays.

Les chasseurs de tigres ne se livrent pas à de telles expéditions, on s'en doute bien, uniquement pour la satisfaction de débarrasser leur territoire de quelques demi-douzaines de félins. Ce serait là une mesure d'intérêt public qu'on ne peut pas attendre de gens presque sauvages; et, du reste, il y a dans la péninsule indo-chinoise tant et tant de tigres, que l'espoir d'en délivrer le pays est purement chimérique. C'est donc mus par l'attrait de certains profits que les chasseurs se mettent en campagne, et ces profits sont assez importants.

Les chasseurs peuvent faire argent de

presque toutes les parties du corps de l'animal. On ne mange pas la chair du tigre, mais on utilise la peau, les griffes, les dents et la graisse. La peau, bien séchée, mise hors de la portée des insectes, est vendue à des marchands annamites, qui l'expédient en Chine, où l'on en fait des couvertures de cheval, et des doublures de coussins et de matelas. C'est aussi un article avantageux d'échange dans tous les pays barbares de l'Orient, où les peaux de tigres et de panthères servent à décorer les guerriers.

Les dents et les griffes deviennent, entre les mains des indigènes, des amulettes, qui sont, à leurs yeux, un préservatif de grande valeur contre les attaques du tigre. Dans des desseins analogues, la langue du tigre et son foie sont également l'objet de préparations, accomplies avec toutes sortes de cérémonies cabalistiques.

Quant à la graisse de l'animal, abandonnée par quelques-uns, ainsi que la chair, elle est re-

cueillie et conservée soigneusement par d'autres; et elle passe pour un remède précieux
contre les maladies goutteuses des jointures
et les douleurs rhumatismales. En dépouil-
lant la bête, on enlève la graisse, qu'on en-
ferme dans des vases destinés à cet usage.
Une exposition au soleil pendant une journée la rend liquide, et permet de la clarifier :
elle se conserve alors fort longtemps.

Nous avons parlé à plusieurs reprises de
la panthère; disons que cet animal appartient au groupe des léopards, qui est, sous
le rapport de l'organisation, de la beauté,
de la richesse du pelage, de la grâce et de
la douceur des mouvements, le plus remar-
quable des félins. Il réunit en lui à la fois
les traits qui caractérisent le lion, le tigre
et l'ocelot. Sa griffe robuste défie celle de
tous les autres carnassiers; ses dents, même,
sont plus puissantes que celles du tigre;
il est agile et vif, adroit et audacieux, et en
même temps prudent et rusé. Mais sa taille

est loin d'être imposante comme celle de son royal congénère. Il rachète cette infériorité par des formes élancées, qui font paraître son corps plus long qu'il ne l'est en réalité. Sa tête est ronde, son museau court, sa queue longue et mince. Sa robe splendide est couverte de dessins formés de points en cercle.

On a quelquefois réussi à dresser des panthères à la chasse contre les bêtes fauves. Jacques Arago a raconté qu'un Anglais en possédait une très bien dressée. Mais un certain jour, comme elle tardait à revenir du bois où on l'avait lâchée, le domestique qui la soignait fut envoyé à sa recherche. L'animal, rendu à ses instincts, en le voyant se jeta sur lui, le terrassa et lui ouvrit la poitrine.

Les dépouilles de la panthère donnent aux chasseurs les mêmes profits que celles du tigre.

Fig. 3. — Léopards.

III.

« Là, s'étendent en nappes stagnantes, ou se précipitent dans de profonds canaux aux difficiles abords, des eaux qui ne recèlent pas moins de périls que la terre. Le rhinocéros se plaît dans la vase de leurs dépôts; le tigre aux flancs jaunes et rayés se tapit dans leurs roseaux; et caché dans leurs profondeurs ou flottant à leur surface, le vorace crocodile, gigantesque ennemi de tout ce qui respire, épie et déchire ses victimes... Dangereux est le séjour des bois. »

Ainsi parle le grand poète hindou Valmiki, dans son épopée du *Ramayana.*

Parmi tous les animaux de l'Indo-Chine, le tigre est, comme nous l'avons vu, le plus à redouter. Néanmoins, la plupart des fauves de cette espèce, tant qu'ils n'ont pas goûté au sang humain n'attaquent pas l'homme; ils fuient à son aspect; mais une fois qu'ils ont goûté de sa chair, ils semblent dédaigner toutes les autres; leurs instincts de chasseur se développent, et ils s'aventurent à la recherche de leur proie jusque dans les villages. On les a surnommés des *mangeurs d'hommes;* ils sont pelés et galeux (on sait que les anthropophages deviennent lépreux), et pour le tigre, cet état maladif a été attribué, par les chasseurs européens, à l'usage à peu près exclusif de la chair humaine.

Est-ce goût? comme le prétendent les indigènes; est-ce nécessité?

Un voyageur dans l'Inde, M. Rousselet, nous fournit l'explication la plus simple des deux hypothèses : lorsque le tigre vieillit, il perd la plus grande partie de sa force et toute son agilité. Veut-il alors attaquer, comme jadis, un bœuf égaré dans la montagne, le bœuf le repousse; veut-il poursuivre un cerf ou une antilope, il se voit dans l'impossibilité de l'atteindre; il guette alors sur le chemin et voit arriver un homme ; la faim qui le presse lui fait surmonter la terreur qu'il a toujours ressentie à la vue de l'homme, terreur nullement justifiée, comme il le reconnaît bientôt en rencontrant une facile proie.

Était-ce un mangeur d'hommes, ce tigre qui vint, un soir, rendre visite au capitaine B..., officier distingué de notre armée d'occupation de la Cochinchine? Il avait trop belle apparence pour cela. Notre capitaine, homme d'un sang-froid et d'un courage rares, comme on va le voir, était chez lui en train de lire son journal. Tout à coup, il voit luire au-dessus de la feuille qu'il tenait à la main deux yeux d'un brun jaunâtre : ils appartenaient à un tigre qui, entré par les portes demeurées ouvertes pour la circulation de l'air, faisait audacieusement le tour de sa chambre.

C'était un bel animal d'un jaune vif en dessus, d'un blanc pur sous le ventre, avec des bandes transversales noires descendant du dos et autour des cuisses; sa queue, très longue, était formée d'anneaux alternativement noirs et jaunes.

Le capitaine vit tout cela d'un coup d'œil, et, bien qu'il fût saisi d'une émotion facile à concevoir, le danger de la situation lui donna le calme nécessaire pour y faire face; le moindre mouvement d'effroi l'eût perdu. Il savait qu'un revolver se trouvait suspendu au mur derrière lui; sans se retourner, sans bouger pour ainsi dire, et surtout ne quittant pas le félin des yeux, il porta lentement la main du côté de l'arme, la décrocha et, enfin armé, fit feu plusieurs fois sur son étrange visiteur. Effrayé par la flamme et les détonations, le tigre s'enfuit au plus vite.

Avait-il été atteint par les projectiles? C'est douteux; car lorsque le tigre est blessé, d'ordinaire il fait tête à son agresseur; il devient alors aussi téméraire et dangereux qu'il est lâche et craintif lorsqu'il peut fuir; il tient à vendre chèrement sa vie. Aussi les chasseurs qui le poursuivent l'ajustent au front pour l'abattre du premier coup; car s'il n'est pas tué raide, il s'élance sur eux et les met en pièces. Nous parlons des chasseurs européens; quant aux indigènes, ils ont rarement des armes à feu, l'usage de ces armes étant interdit aux Annamites par le gouvernement des mandarins de Hué.

Ils se réunissent en troupes pour compenser par le nombre l'insuffisance des moyens d'attaque. Dans certaines conditions, et quand ils ne peuvent pas tendre un piège au tigre, ce n'est que contraints et forcés que les indigènes se risquent à le poursuivre. Il faut qu'un de ces animaux ait fait des ravages dans une localité, qu'il ait forcé des clôtures et enlevé du bétail, ou qu'il ait dévoré un homme, pour que des chasseurs, accourus au son du tam-tam d'alarme, se mettent en campagne.

Comme le tigre repose et dort non loin

de l'endroit où il a pris son repas, on va d'abord à la recherche des restes de sa faim assouvie. En les retrouvant, on est presque sûr que le *Seigneur tigre* ou le *Grand-père* — il ne serait pas prudent de lui manquer de respect, car il a l'ouïe fine — on est presque sûr, disons-nous, que la bête n'est pas loin.

A partir de cette découverte, les chasseurs, armés de piques, s'avancent avec précaution, formant un vaste cercle, qui se resserre à mesure qu'ils approchent du gîte du fauve. Il devient donc presque impossible au tigre d'échapper par la fuite. Il essaye de se dérober en se cachant dans les broussailles; les plus braves d'entre les chasseurs pénètrent dans le cercle, fauchant ces dangereuses broussailles, d'où le tigre peut sortir brusquement.

Soudain, le tigre apparaît, adossé à quelques arbres. Son aspect est terrifiant; il roule des yeux sanglants; il lèche ses pattes avec agitation comme pour se préparer à la lutte; il fait entendre un cri rauque, qui tient du miaulement du chat et du mugissement du taureau; il est prêt à s'élancer et semble choisir sa victime; mais les piques sont baissées vers lui, tandis que les chasseurs du deuxième rang, dirigeant en haut la pointe de leurs armes, interdisent à la bête la possibilité d'échapper par un saut.

L'heure du tigre a sonné.

Ce n'est pas que ces sortes de chasses se passent toujours sans accident; il y a parfois mort d'homme; mais l'intérêt commun de la défense les réclame.

Depuis quelque temps, en Cochinchine, une autre manière de chasser le tigre est adoptée par les Annamites, parce qu'elle a la préférence du gouvernement colonial; elle consiste à prendre l'animal vivant, dans une cage de fer. Vivant, il a plus de valeur; si c'est un bel échantillon, un tigre royal, ou de ces panthères au pelage foncé avec des

taches noirâtres en forme de roses disper-
sées sur les flancs, la place de l'animal est

Fig. 4. — Indo-Chinois.

marquée d'avance dans un muséum ou une
ménagerie; si c'est un tigre pelé, galeux,
ayant fait un trop grand abus de chair hu-

maine, on a toujours la ressource de le faire passer de vie à trépas, avec une boulette empoisonnée.

Un de nos jeunes soldats de l'infanterie de marine, en congé de convalescence, nous donnait récemment des détails sur la façon de procéder dans ce genre de chasse.

Une fosse étant creusée à proximité des jungles ou des bois, on y descend la cage, devant laquelle est ménagé un chemin en pente. On fait entrer dans la cage et l'on y attache, soit un porc maigre soit une vieille chèvre privée de lait; ces pauvres bêtes doivent servir d'appât. Grognement de porc ou bêlement de chèvre ont bien vite attiré l'attention d'un tigre ou d'une panthère.

Le fauve se dirige avec précaution vers le piège qui lui est tendu. Il semble compter ses pas; il jette un coup d'œil circulaire : tout paraît tranquille. Il suit le sentier incliné, qui le conduit droit à l'ouverture de la cage de fer : il y a bien quelque chose de louche dans cet appareil, mais, la faim le poussant, le redoutable animal y pénètre sans plus d'hésitation.

Le sang de la pauvre bête sacrifiée s'est figé à l'approche du terrible adversaire, qui la couve d'un œil allumé comme une proie sûre. Tout à coup un ressort est touché et la trappe tombe : le tigre est pris.

Les chasseurs sortent de leur cachette, en poussant des cris perçants. A l'aide de cordes munies de crochets, ils amènent la cage au niveau du sol.

« Ah ! dit l'un d'eux, oubliant tout respect pour la bête qu'on idolâtre lorsqu'elle est libre, tu m'as mangé deux jeunes chevreaux à la fin de la dernière lune; je te reconnais. »

Et il approche hardiment comme s'il allait entamer une lutte avec le captif, à travers les barreaux de la cage.

« C'est bien toi, dit un autre, qui as enlevé l'enfant de ma voisine dans son berceau. A nous deux maintenant!

— Il n'est pas fier, le seigneur tigre, observe un troisième chasseur. Vengeons-nous en le faisant souffrir! »

La bête féroce s'élance et toute la bande s'envole.

Enfin, ces braves Annamites s'habituent à l'idée qu'ils n'ont absolument rien à craindre. Ils tirent la cage sur un chariot bas, l'assujettissent avec des cordes, et ne songent plus qu'à se rendre à la prochaine *phu* (préfecture) ou *hugen* (sous-préfecture) pour toucher la prime accordée par le gouvernement.

Lorsque les Français s'emparèrent, en 1859 d'une partie de la Basse-Cochinchine et s'y fortifièrent jusqu'en 1867, en obtenant ensuite la cession de trois autres provinces, — la province de Bing-Thuan y a été ajoutée par le traité récent de Hüé, — il leur fallut en quelque sorte prendre possession du pays sur les tigres qui l'infestaient. Ces « seigneurs » n'ont point été consultés pour la conclusion des traités et ne semblent pas disposés à y donner de sitôt leur adhésion.

Nos postes avancés dans l'intérieur du pays étaient exposés à de fréquentes attaques de la part de ces animaux. C'est à Phuoc-Than, petit poste situé à mi-chemin de Long-Than à Bien-Hoa et occupé par des soldats d'infanterie de marine, commandés par le capitaine B..., que cet officier reçut la singulière visite dont nous avons parlé plus haut.

Alors, il se produisait fréquemment des faits analogues à celui qu'a raconté le capitaine de frégate P. Vial.

Un tigre était venu enlever un porc dans un village, occupé par nos soldats. Un caporal, nommé Jean, partit aussitôt, avec quelques hommes, à la poursuite du voleur. La battue fut longtemps vaine, et les chasseurs allaient se retirer, lorsque le tigre, bondissant d'un fourré, s'élança sur le caporal, qui eut le temps de lui loger une balle dans le corps. Le tigre se retira sous bois, fut de nouveau débusqué, et de nouveau se précipita sur Jean, qui le blessa une seconde fois ; mais, à une troisième attaque, le brave caporal fut terrassé. L'anxiété était poignante, l'alternative terrible : il fallait tirer à tout prix ou laisser déchirer l'homme par le tigre. On tira... le tigre fut tué, mais le caporal reçut une des balles destinées à la hideuse bête. Sa blessure était mortelle et, quelques minutes après, le pauvre garçon expirait.

C'est à la suite d'incidents dramatiques du même genre, trop souvent répétés, que le gouvernement de la Cochinchine a accordé une prime pour la destruction des tigres, panthères, etc., qui infestent la colonie.

Nous avons sous les yeux un relevé qui donne les chiffres des bêtes dangereuses tuées en 1880 ; les tigres y figurent pour 84, et les panthères pour 22.

Il est douteux que cet expédient produise

avant longtemps un sensible effet. A mesure que l'on détruira les félins dans nos possessions, il en viendra du Cambodge, de Siam, des vallées du Laos, de la Birmanie, des plateaux et des montagnes de l'est occupés par les sauvages Moïs, de l'Annam et surtout du Tonkin, où les tigres sont nombreux sur le littoral.

LA
CHASSE AUX· BUFFLES

DANS L'INDO-CHINE.

Le buffle est un animal farouche, difficile à dompter. Il ressemble beaucoup au bœuf ordinaire; mais sa tête est plus courte et plus large. Les cornes qui la surmontent s'élèvent très rapprochées à leur base, et dirigées en arrière. Les yeux, petits, ont une expression sauvage et méchante. Le poil de la bête est noir ou d'un gris noir foncé; ses flancs sont roux.

Le garrot du buffle a presque la forme d'une bosse; le dos est incliné; la croupe haute et retombante, assez mince; il a les oreilles larges et pointues; ses jambes sont courtes, fortes et vigoureuses.

Au Tonkin, dans la Cochinchine, au Laos, au Siam, au Cambodge, et chez les indigènes indépendants de l'intérieur de l'Indo-Chine, les buffles sauvages sont l'objet d'une chasse suivie. On les réduit aussi à l'état domestique, et ils rendent de grands services pour les transports et les travaux des champs. Au Siam, ces auxiliaires du laboureur sont considérés comme tellement précieux pour le pays, que le gouvernement défend de les tuer, sous peine d'une forte amende : libre aux chasseurs de s'attaquer, à leurs risques et périls, aux bandes de buffles et de bœufs libres qui parcourent les vastes forêts.

Le capitaine Drayson a décrit excellemment les mœurs de cet animal. « La peau du buffle, dit-il, est si épaisse qu'une balle ne la traverse pas, à moins qu'on ne tire de très près. Le buffle est un animal curieux, ar-

Fig. 5. — Buffle poursuivi.

dent à la vengeance, rusé et méchant. Il est sociable; mais à l'époque du printemps, les taureaux se livrent des combats violents, les jeunes chassent du milieu d'eux les mâles les plus vieux, qui s'éloignent et vivent entre eux dans la solitude. Ces solitaires sont les individus les plus terribles. Tandis que tous les autres buffles, à moins qu'ils n'aient été blessés par lui, ou qu'ils ne se trouvent dans un accès de mauvaise humeur, fuient devant l'homme, ces vieux mâles, sans provocation aucune, fondent sur le chasseur.

« On rencontre assez souvent, dans les déserts, de grands troupeaux de buffles; ils se tiennent cependant de préférence dans la forêt. Ils y suivent les chemins des éléphants et des rhinocéros, ou se frayent à eux-mêmes une voie à travers les fourrés. Le soir, la nuit, le matin de bonne heure, ils parcourent la contrée en poussant des mugissements; quand le soleil s'est levé, ou que l'orage approche, ils se retirent dans les ravins et les fourrés, s'y tiennent cachés et se reposent à l'ombre.

« La piste du buffle ressemble à celle du bœuf; les sabots du vieux buffle sont très écartés, ceux du jeune, au contraire, très rapprochés. La piste de la femelle est plus longue, plus étroite, plus faible que celle du mâle. Le chasseur suit ces animaux, quand, le soir, ils se rendent en plaine. La nuit, ils errent hors des bois, où ils retournent le jour; on peut donc suivre leurs traces hors de la forêt et les approcher de très près. Le chasseur est averti de ce moment en voyant des traces toutes récentes; il faut alors attendre jusqu'à ce que l'animal trahisse sa présence par quelque bruit; car il a l'habitude de se tourner et de se retourner longtemps avant de se coucher pour se reposer. »

Les buffles aiment beaucoup l'eau, ils recherchent les bas-fonds marécageux, au milieu des roseaux, où ils trouvent leur nourriture, se contentant d'herbes dont certainement les bœufs sauvages ne voudraient pas. Vigoureux nageurs, ils traversent les fleuves à la nage, et c'est un beau spectacle que celui d'un troupeau de ces animaux se mouvant avec précision au milieu des plus rapides courants.

On vient de voir que la peau du buffle, à cause de la résistance qu'elle présente, ne peut être traversée par une balle, si l'on ne tire pas de très près. Ceci nous amène à dire que dans notre colonie de Cochinchine les chasseurs indigènes commencent à posséder quelques fusils. Non contents de la supériorité de ces armes sur les flèches, ils substituent aux balles des lingots de plomb, d'une longueur variant entre 2 et 5 centimètres. Ils coulent ces lingots dans des tubes de bambou, du calibre de leur fusil. Voilà le plomb dont ils se servent de préférence quand ils veulent tuer de gros animaux, tels que rhinocéros, éléphants, bœufs sauvages et buffles.

Une fois dans cette voie, ils ne sont pas restés en si beau chemin, et ils ont trouvé le moyen d'associer la flèche et le fusil, et de mettre la poudre au service de leur arme nationale : la flèche empoisonnée. Cette flèche à fusil, projectile bizarre s'il en fut, réclame une description.

Qu'on se représente un fer de flèche à douille, pesant de 300 à 500 grammes, large de 4 ou 5 centimètres et épais en son milieu de plus d'un centimètre, dans la douille duquel se trouve solidement fixée une baguette, faite de ces sortes de bois durs et lourds comme le fer, et ayant néanmoins la flexibilité du roseau ; elle est juste de la grosseur voulue pour entrer facilement dans le canon de l'arme qui doit la lancer.

Cette flèche est assez longue pour que, sa tête reposant sur la charge de poudre, la pointe de fer dont elle est armée dépasse le bout du canon de 10 à 12 centimètres.

Le bout de flèche compris entre le pied du

fer et le bout qui sort du canon du fusil est
enduit d'une forte couche de poison; un mor-
ceau d'étoffe le recouvre, afin de le préserver
de la poussière, mais ne l'empêchant nullement, quand la flèche a pénétré dans le corps
de l'animal atteint, de s'y fondre au contact
de son sang et d'amener rapidement la mort.
A la place du fer à douille, qui est fort
lourd, quelques chasseurs emploient avec
avantage des fers à tige plate, qu'ils assujettissent au manche en le fendant à l'extrémité, par le milieu. On introduit dans la
fente la tige de fer, et on réunit fortement le
tout, au moyen d'une bonne ligature.

Ces flèches pèsent de 700 à 1,500 grammes; les blessures qu'elles font sont effroyables, tant la force de projection est grande!
Ainsi, pour n'en citer qu'un exemple, on en
a vu une qui, frappant la cuisse droite d'un
éléphant a traversé le corps de cet animal et
ne s'est arrêtée qu'après avoir brisé l'omo-
plate gauche. Pour que ces flèches aient

toute leur puissance, elles ne doivent pas être tirées à moins de 20 mètres ni à plus de 60.

Quant aux fusils à employer, on se sert du premier venu, que l'on charge de trois ou quatre mesures de poudre; on bourre bien : tant pis s'il éclate! Les accidents de ce genre sont fréquents, surtout quand on pense que les armes que se procurent les indigènes sont de vieux fusils hors de service, tout rouillés, et qu'il les gardent quelquefois chargés pendant des mois entiers.

« Quant au recul, » observe le militaire qui nous fournit ces détails techniques, « je ne vous dis que ça! » Fréquemment, un de ces naïfs chasseurs annamites qui, s'ils n'ont pas inventé la poudre, voudraient en augmenter les effets, après s'être servi de son fusil, reste huit jours malade; mais cela ne l'empêche pas de recommencer à la première occasion.

Le buffle sauvage possède une vigueur et une vitalité prodigieuses. Déjà méchant de son naturel, il devient furieux quand il est blessé et extrêmement redoutable. Il a des ruses qui déconcertent. Un chasseur croit-il en avoir tué un mortellement? tandis qu'il le cherche, espérant le joindre au moment de son agonie, il se trouve tout à coup chargé impétueusement par le terrible animal, qui a fait un détour pour venir le surprendre par derrière. C'est dans ces occasions que le chasseur fait connaissance avec les formidables cornes du buffle, heureux encore si, lancé en l'air, il s'en tire seulement avec deux ou trois côtes cassées.

Un buffle se voit-il prêt à succomber? il pousse un cri de douleur. La souffrance seule serait impuissante à lui arracher ce cri, c'est un appel désespéré; et cet appel est compris par le troupeau auquel il appartient, car aussitôt les buffles dispersés ou en fuite se rallient et viennent au secours de leur compagnon. On a vu des buffles essayer d'atteindre un chasseur campé sur le dos d'un éléphant, en s'efforçant de soulever le colosse sur leurs cornes.

Imprudemment défié, il se met à mugir, à frapper du pied. Une fois excité, aucune crainte ne saurait l'arrêter, et s'il atteint son adversaire, il le transperce de ses cornes, le jette en l'air, le foule aux pieds. Ce n'est pas assez que de l'avoir tué; si la bête s'éloigne, c'est à regret et pour revenir, l'instant d'après, labourer et piétiner le corps de sa victime.

Un jour, un vieux buffle, endormi dans les hautes herbes d'un marais, fut abordé par un indigène, qui lui lança une des flèches empoisonnées dont nous venons de parler. Elle traversa le corps du buffle; rendu soudain furieux par cette blessure mortelle, mais qui ne l'avait pas terrassé sur le coup, il se lança à la poursuite de son ennemi. Celui-ci décampa de toute la vitesse de ses jambes, en abandonnant son fusil pour courir plus vite.

Mais le buffle le suivait de près. Le chasseur sentait déjà dans son cou le souffle chaud de l'énorme bête. Enfin, il réussit à gagner un arbre et à y grimper.

Que fit le buffle dans sa rage? Couvert de sang, il se mit à livrer à l'arbre des atttaques furieuses en le heurtant violemment du front; de ses cornes, il labourait le tronc, faisait sauter l'écorce en éclats, déchiquetait l'aubier, fendait le cœur de l'arbre qui, bien que passablement gros, ne put résister à un pareil assaut. L'arbre s'abattit avec fracas, et le chasseur roula sur le sol, à la discrétion du vindicatif animal.

Le buffle s'acharna alors sur le malheureux jusqu'à ce qu'il fût sûr de lui avoir broyé les os. Du reste, il ne survécut pas à sa victoire; et, le lendemain, les amis du chasseur, en trouvant les deux cadavres, l'arbre renversé, le fusil abandonné au loin, purent reconstituer l'émouvante scène de la forêt.

LE NAJA.

Dans ces derniers temps, on a pu voir, au Jardin des Plantes de Paris, un nouveau serpent dont s'est enrichie sa collection d'ophidiens : c'est un *naja* de Ceylan, du même genre que le naja du Cap.

Le naja est un des serpents dont la morsure est le plus redoutable. Celui dont nous parlons n'a pas pris, avant bien des mois, son parti d'être captif et regardé derrière une vitre. Les serpents venimeux ne s'apprivoisent guère, et même ils vivent peu de temps en captivité. Le nôtre dresse par moments avec vivacité une tête menaçante et projette en avant son dard. Profondément irrité et parfois effrayé d'être donné en spectacle, et se sentant réduit à l'impuissance, son cou se dilate étrangement et forme un disque à l'extrémité duquel la tête paraît petite, semblable à celle des couleuvres. Cette tête est revêtue, par-dessus, de grandes plaques avec écusson central. La bouche est large ; dans la mâchoire supérieure sont plantées des dents cannelées, très développées et, en arrière, deux ou trois crochets petits et lisses : ces crochets distillent un venin mortel.

Le corps de ce nouvel hôte de notre établissement scientifique est allongé, arrondi, un peu plus gros vers le milieu du ventre ; sa couleur est jaune d'or avec des taches sombres ; il mesure 90 centimètres de longueur. Couvert d'écailles inégales, il offre cette particularité que les plaques qui revêtent le dessous de sa queue, conique, longue et pointue, sont distribuées deux par deux. Le capitaine du navire qui l'a rapporté de Ceylan a été mordu à la main, ce qui a nécessité l'ablation immédiate d'un doigt.

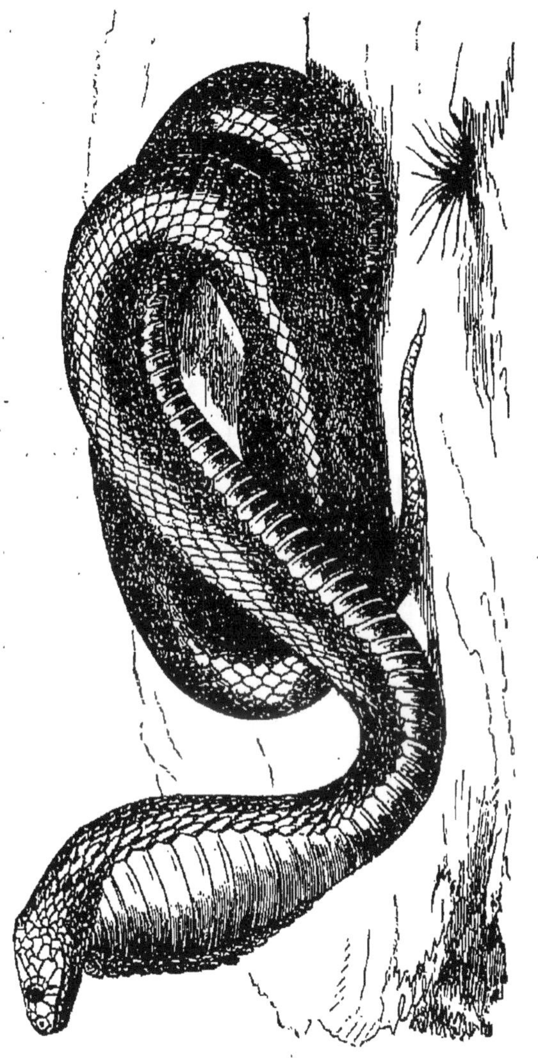

Fig. 6. — Le naja.

Ce serpent, signalé aux employés comme un des plus dangereux, est l'objet d'une extrême défiance. On lui passe sur une pelle sa nourriture, composée de souris, de grenouilles, de crapauds, morts ou vivants, en ayant soin de fermer l'issue avec un filet aux mailles étroites. Les boas et d'autres serpents, au contraire, sont considérés comme inoffensifs, et les gardiens nettoient les glaces de leurs compartiments sans prendre aucune précaution, passant l'éponge à côté des ophidiens, roulés sous leurs couvertures.

Le naja de Ceylan et des pays les plus chauds de l'Hindoustan est apparenté au naja du Cap et à l'ilaje d'Égypte, plus connus sous le nom de *serpents à lunettes*. Le disque concave qui se développe chez le reptile, lorsqu'il est excité, figure une sorte de chapeau, qui lui a valu aussi, de la part des premiers Portugais qui pénétrèrent dans les Indes orientales, le nom de *cobra di capello*, ce qui signifie serpent à chapeau.

Le naja est assez commun dans la région du Cap, où les serpents venimeux sont nombreux. Au musée de Cape-Town, on voit une rare collection de ces reptiles en compagnie des autres bêtes de l'Afrique australe : lions, chats-tigres, léopards ou servals du Cap, hyènes tachetées, girafes, antilopes, etc., refoulées aujourd'hui loin des centres de la colonie. Le naja a été également signalé sur la côte orientale et sur la côte occidentale d'Afrique. Livingstone en a rencontré plus d'une fois dans l'Afrique équatoriale.

Cet ophidien se tient dans les endroits ombragés, où il se blottit entre les racines des arbres, dans le creux des immenses baobabs, sous des amas de pierres et au milieu des broussailles. Il grimpe aux arbres avec facilité et va chercher des œufs dans les nids pour suppléer à sa nourriture ordinaire de grenouilles et de crapauds, de reptiles et de petits mammifères, tels que le ratel ou blaireau puant, les rats-taupes, la gerboise ou lièvre sauteur, la taupe dorée, le rat nain. Il sait nager et passe de longues heures dans l'eau à se baigner.

Lorsque le naja se voit poursuivi, il se retourne vers son adversaire, en se dressant sur sa queue, en gonflant sa collerette, en sifflant avec force. Il essaye de l'atteindre de ses crochets, mouvement qu'il exécute avec une promptitude extrême.

« Un de mes amis, raconte le chasseur suédois Anderson, échappa à grand'peine à l'un de ces serpents. Un jour qu'il était en train d'herboriser, un naja passa tout près de lui. Mon ami prit la fuite à reculons, aussi vite que possible. Le naja le poursuivit et allait l'atteindre lorsque l'homme trébucha contre une fourmilière et tomba à la renverse. Effrayé sans doute, le serpent fila rapide comme une flèche. »

D'autres voyageurs ont rapporté des faits

venant à l'appui du dire des colons du cap de Bonne-Espérance et des nègres de la côte occidentale, lesquels affirment que le naja adulte poursuit un homme ou tout animal qui passe à sa portée. Chaque jour amène une catastrophe, qui fait oublier celle de la veille.

Des Hottentots vous racontent la mort presque subite d'une jeune fille, qui traversait, en nombreuse compagnie, l'oasis de peu d'étendue qui sépare les deux déserts du Karrou et du Gouff, situés entre le Cap et le Griqualand. Mordue à la cuisse, elle expira en moins de dix minutes. Récemment encore, c'est un voyageur qui, croyant échapper au redoutable reptile, traverse un cours d'eau, gagne l'autre rive, sans pour cela être délivré de son ennemi, que l'eau n'a pas arrêté. Au contraire, il semblait que le reptile eût recouvré toute sa vigueur, grâce au bain qu'il venait de prendre. Heureusement, le voyageur s'avise d'un stratagème : il jette son

chapeau de paille sur le sol; le naja se précipite dessus comme sur une partie de son
ennemi, mord furieusement le chapeau et
laisse enfin au voyageur le temps de se
mettre à l'abri de sa poursuite.

Souvent de gros animaux sont attaqués;
et il n'est pas rare d'entendre parler d'un
éléphant mordu par le terrible serpent, et
qui est mort après trois ou quatre heures
d'agonie.

Un officier anglais, longeant en voiture
un chemin ouvert dans les taillis, à une
vingtaine de lieues de la ville du Cap, bâtie,
comme on sait, à cette extrémité du con-
tinent africain qui s'avance en pointe dans
les mers du Sud, fut tout à coup assailli
par un naja de grande taille. Après avoir
déchargé sans effet son revolver sur l'é-
norme reptile, il fouetta son cheval, pen-
sant se dérober par la fuite. Il ignorait que
le naja avait assez de souplesse et d'agilité
pour suivre une voiture. Le reptile engagea

une lutte de vitesse avec le véhicule; il aurait pu atteindre le cheval, mais c'est à l'homme qu'il en voulait. Deux fois, le naja s'élança au-devant du cheval, qui se cabra, et la voiture, affreusement secouée sur la route inégale, fut près de verser.

L'officier, gardant toujours son sang-froid, enlève d'une main ferme son vigoureux cheval, et la voiture est emportée avec une vitesse prodigieuse. Mais le serpent est toujours là; tantôt devant, tantôt derrière, tantôt à droite, tantôt à gauche, dans une ondulation immense, dans un suprême élan de colère, son corps visqueux et frémissant s'allonge vers le voyageur comme un bras gigantesque ou se dresse sur sa tête comme une épée.

Trois coups de revolver (les derniers) ont manqué leur but dans la course saccadée de la voiture et l'implacable reptile, que ce bruit n'effraye pas autrement que l'éclat d'une capsule, redouble d'agilité et de colère, comme s'il prévoyait que sa proie va peut-être lui échapper. L'officier anglais réussit enfin à se soustraire au péril qui le menaçait, grâce à l'assistance de deux Hottentots.

Des expériences faites sur le danger de la morsure du naja, il résulte que des pigeons en sont morts trois ou quatre minutes après; une poule, en cinq ou six minutes; les chiens peuvent succomber après vingt minutes, mais aussi résister pendant plusieurs heures. Il est particulièrement curieux d'observer que le venin est d'autant moins actif que le reptile a mordu un plus grand nombre de fois successivement.

Ainsi, le naturaliste Breton a fait mordre par un naja la queue d'un serpent aquatique. Une heure et demie après, la partie blessée était frappée d'immobilité; le serpent aquatique mourut deux heures plus tard, « sans qu'il se fût montré d'autre symptôme qu'un besoin continuel de respirer ». Un lapin qui avait été mordu immédiatement après, à la cuisse, par le même naja, montra de la paralysie, puis des convulsions et mourut au bout de onze minutes. Un pigeon, attaqué ensuite, mit vingt-sept minutes à mourir; un deuxième pigeon, une heure et onze minutes; un troisième, trois heures et vingt-deux minutes; un quatrième et un cinquième ne présentèrent aucun symtôme d'empoisonnement.

On sait encore, grâce à d'autres observations, que les morsures qui pénètrent dans les vaisseaux sanguins d'un certain diamètre sont fatalement mortelles, quel que soit le remède employé. En général, l'action du venin porte principalement sur la respiration; des paralysies partielles se manifestent rapidement, des convulsions se déclarent.

Une femme basouto, mordue au pied, ne fut secourue par un médecin que dix heures après. Depuis l'instant où elle avait été atteinte par les crochets du serpent venimeux, la malheureuse était tombée dans un état de prostration extrême; on aurait pu la croire sous l'influence d'un narcotique. Quand on put enfin l'assister elle avait déjà perdu la vue et toute sensibilité; la constriction extrême du pharynx rendait la déglutition impossible. Toutefois, malgré cette situation presque désespérée, grâce à un traitement énergique, la sensibilité revint, ainsi que la vue et, au bout de huit jours, la blessée entrait en voie de guérison.

Un Boer (colon hollandais) avait été mordu à la main. Dix minutes après, sa mâchoire se montrait fortement contractée, la respiration était à peine marquée. On le tira de cet état en lui faisant prendre de force deux bouteilles de vin de Madère très chaud, tandis que, sur sa plaie, largement ouverte, était versé un mélange d'ammoniaque liquide, d'alcool, de savon blanc, d'huile de succin et de baume de la Mecque.

Ne se contentant pas d'inoculer la mort par une simple égratignure faite avec ses crochets, le naja lance des jets de salive mêlée de venin, en cherchant à atteindre les yeux de celui qu'il combat; cette bave peut produire la cécité.

Comme on le voit, la morsure du naja n'est pas toujours mortelle, ainsi que certains l'affirment. Un homme mordu n'est pas perdu sans rémission, et l'amputation n'est pas toujours jugée nécessaire. Dans l'Inde, contre la morsure des serpents à lunettes, qui sont, nous l'avons dit, du même genre que le naja de l'Afrique, on se sert de divers remèdes, tenus secrets par les charmeurs de serpents. Un moyen très employé est l'application sur la plaie d'une pierre composée de substances spongieuses dite *pierre à serpent.*

Brehm nous fait connaître qu'il y a longtemps que le naturaliste Kolb a indiqué qu'au cap de Bonne-Espérance on fait usage de ces pierres. On les fait venir de l'Inde, et

elles possèdent des propriétés vraiment mer-
veilleuses. « Thunberg, qui visita le Cap
après Kolb, dit-il, indique que la pierre à
serpent authentique doit adhérer fortement
au palais lorsqu'on la place dans la bouche
et que de petites bulles d'air doivent monter
à la surface lorsqu'on la jette dans l'eau.

« Lorsqu'on la pose sur un point mordu,
ajoute-t-il, d'après le même voyageur, la
pierre s'y applique, tire dehors le venin et
tombe d'elle-même dès qu'elle est suffisamment imbibée. A ce qu'assure Johnson, le
secret de la préparation de la pierre à
serpent est encore aujourd'hui entre les
mains des brahmines et leur rapporte des
sommes considérables. On sait, toutefois,
que cette pierre est faite d'un mélange d'os
grillés, de chaux et d'une résine préparée
d'une certaine façon; cette substance peut
évidemment aspirer dans ses pores un liquide tel que le sang mélangé de venin; il
est probable que la succion produirait le

même effet, mais pourrait peut-être n'être pas sans danger. »

On a parlé aussi de la racine d'aristoloche

Fig. 7. — Aristoloche siphon.

comme jouissant d'une grande efficacité ; mais la vertu de cette plante a été probablement surfaite et des naturalistes autorisés avouent qu'ils ne connaissent aucun remède capable de combattre victorieusement les funestes effets de la morsure du naja. Au Cap, les Anglais emploient avec plus de succès l'eau de Luce et l'ammoniaque. On attribue aux Boers un mode de traitement passablement singulier : ils fendent la poitrine à une poule vivante et l'appliquent à l'endroit mordu. La poule meurt peu d'instants après. On recommence l'opération avec une seconde poule, puis avec une troisième; quelquefois une quatrième est nécessaire; on ne s'arrête que lorsqu'on n'observe plus sur elle aucun signe d'empoisonnement. Une fève blanche, qui pousse au Cap, et qu'on nomme *fève monsieur*, est aussi utilisée pour le même objet. On la coupe en deux et on la place sur la morsure, où elle adhère.

Les serpents du Cap ont pour ennemi un grand oiseau de 3 pieds de hauteur, ayant le bec robuste de l'aigle et monté sur de longues jambes comme les grues. Les Boers

Fig. 8. — Secrétaire reptilivore.

l'ont appelé *secrétaire*, à cause d'une touffe de plumes qu'il porte derrière la tête, ainsi que le font les gens de cabinet, qui passent leur plume derrière l'oreille droite. Lorsqu'il découvre un serpent, le secrétaire l'attaque d'abord à coups d'aile pour le fatiguer, le saisit ensuite par la queue et l'enlève à une grande hauteur pour le laisser retomber; il répète ce manège jusqu'à ce que le reptile soit mort.

Cet oiseau est d'un naturel doux et les habitants du Cap l'apprivoisent aisément.

LES CHASSEURS
D'HIPPOPOTAMES.

Tous les Parisiens ont vu des hippopotames au Jardin des Plantes. Cet amphibie, le plus gros animal après l'éléphant, plongé dans son auge croupissante, somnolent, et comme indifférent à ce qui se passe autour de lui, n'est pas aussi amusant que l'ours Martin dans sa fosse.

Cette énorme bête, ayant, avec ses jambes courtes, sa large tête, son museau enflé, sa massive corpulence, une forme intermédiaire entre un porc gigantesque et un taureau sans cornes, vient pourtant de loin, et de rares Européens ont pu étudier le monstrueux pachyderme, qui habite les lacs et les rivières équatoriales et australes de l'Afrique.

Bien qu'armé d'une immense mâchoire garnie de dents mâchelières et de défenses qui peuvent atteindre 60 centimètres, ce géant du règne animal ne se nourrit que d'herbes et de racines. Il ne s'attaque pas à l'homme, à moins qu'il ne soit gêné et irrité par sa présence dans ses domaines aquatiques : il entre alors en fureur et ses atteintes sont redoutables.

Les voyageurs sur le Nil ont souvent été mis en péril par des hippopotames. Sir Samuel Baker rapporte qu'il fut éveillé au milieu d'une claire nuit par un grognement rauque et sauvage, qu'il reconnut bientôt pour être le cri d'un hippopotame furieux. Il alla sur le pont, et vit un des plus grands spécimens de ces animaux, chargeant sa barque avec une rage indescriptible. Un petit bateau, remorqué en poupe, fut mis en pièces en un moment; et si rapides étaient les mouvements de l'amphibie, qui se démenait et plon-

geait dans l'eau écumante, qu'on ne pouvait
songer à lui loger une balle aux seuls endroits
vulnérables de son corps, dans l'oreille, dans

Fig. 9. — Hippopotame.

l'œil ou au ventre. Partout ailleurs, les
projectiles sont repoussés par le cuir rougeâtre, épais d'un pouce.

Après quelques coups de fusil cependant,
l'énorme bête parut atteinte et, en quelque
sorte, calmée. Elle se retira dans les hauts

roseaux, qui bordaient la rive ; sans doute
alors, la douleur de sa blessure se fit sentir.
L'hippopotame revint en grondant et en
renâclant plus que jamais, et il reprit dé-
sespérément son attaque jusqu'à ce que
d'autres balles l'eussent achevé.

C'est surtout dans les endroits où le Nil,
encombré par la végétation, ne laisse plus
aux barques qui le remontent que d'étroits
passages, que l'hippopotame se sent mo-
lesté. Des groupes d'îles, formées de plantes
aquatiques liées l'une à l'autre par des
tiges flexibles, sont retenues aux rives ou
flottent sur l'eau, au milieu des épanouis-
sements des convolvulus, des lis aquatiques
aux fleurs rouges, des lotus rouges, bleus et
blancs, dont les corolles s'ouvrent à l'aube
et se ferment au coucher du soleil, des am-
bachs aux larges feuilles jaunes. Les hippopotames se voient avec surprise forcés
dans leurs retraites les plus inaccessibles.

Plus nombreux à mesure qu'on pénètre

dans le cœur du pays, leurs ronflements continus s'entendent de loin et déchirent l'oreille. L'Européen qui remonte le Nil Blanc doit s'accoutumer à ce bruit, s'il veut dormir.

Les mariniers font avancer les bateaux en les hâlant le long des îles flottantes. Ils s'excitent dans leur travail par des exclamations, qui augmentent l'inquiétude des hôtes du fleuve, qui lèvent leurs têtes au-dessus des hauts-fonds où ils sont cantonnés, se mettent à grogner et renâcler avec force. Les mâles poussent d'effroyables rugissements. Pour les écarter, on ouvre sur eux un feu continu. Les hippopotames ahuris, grondant et mugissant, veulent fuir, se heurtant les uns contre les autres, et, ne trouvant pas d'issue, défoncent quelque radeau végétal et couvrent tout d'éclaboussements prodigieux.

Samuel Baker a raconté comment un vieux cheik aveugle, du pays des Chillouks, dont il recevait souvent la visite, trouva la mort en revenant d'un marché voisin, monté dans un canot d'ambach. Le malheureux cheik fut saisi, au milieu du Nil, par un hippopotame, dont l'immense mâchoire broya du même coup la frêle embarcation et les membres du vieillard. Bien que secouru promptement, ses blessures étaient si graves qu'il succomba la nuit suivante.

Dans la traversée du lac No, le cuisinier du voyageur Petherick, s'étant assis sans défiance sur le plat bord de la barque le dos tourné au fleuve, fut happé par un hippopotame, qui fit chavirer la barque et la mit en pièces.

Les bateaux du haut Nil, pour résister au choc des hippopotames, sont construits d'une manière spéciale et avec le bois d'un acacia beaucoup plus dur et plus lourd que le chêne. Il n'est pas rare de voir plusieurs hippopotames attaquer de concert un de ces bateaux.

Livingstone, au milieu de ses voyages

dans les pays du Zambèse, eut une aventure de ce genre. En plein jour, un hippopotame vint heurter de front son canot, menaçant de le faire chavirer; la force du coup précipita dans le fleuve un des pàgayeurs. Livingstone et les sept noirs qui l'entouraient jugèrent prudent de gagner la rive à la nage. L'hippopotame demeura à la surface de l'eau, regardant obstinément la pirogue : on crut reconnaître en lui une femelle dont on avait tué le petit à coups de javeline.

Les indigènes de l'Afrique sont très friands de la chair de l'hippopotame. Parmi les voyageurs européens, les uns, comme sir Samuel Baker, la trouvent exquise; d'autres, et Schweinfurth est du nombre, la proclament détestable. Ces animaux, ayant habituellement 3 ou 4 mètres de longueur, pèsent jusqu'à 1,000 kilos et davantage. Leur graisse est une ressource, et leur peau fait l'objet d'un commerce lucratif. C'est dans cette peau que sont découpés les *cour-*

baches ou fouets dont se servent les tyrans égyptiens, grands et petits, et les marchands d'esclaves. Les défenses, d'une substance plus dure, plus blanche que l'ivoire, et ne jaunissant point, sont recherchées pour la préparation des dents artificielles.

Un hippopotame est donc une belle et bonne prise pour les chasseurs africains.

Dans l'Afrique australe, Livingstone rencontra une tribu de chasseurs d'hippopotames; quand ces amphibies deviennent rares en un lieu, ils vont les chercher ailleurs. Ils élèvent à la hâte des huttes sur les rives, bordées de palétuviers et de hauts pandanus, des îles herbeuses, des rivières et des grands lacs, qui assurent aux hippopotames de plantureux pâturages. Tandis que les femmes cultivent un carré de jardin, les hommes, avec un courage allant jusqu'à la témérité, se livrent à la dangereuse chasse à laquelle ils sont exercés dès leur enfance.

Ils partent pour cette chasse dans de très

légers canots, montés et dirigés par deux ou trois hommes, qui se servent, pour avancer, d'une courte pagaye à large pelle. L'art consiste à diriger sans bruit le canot vers un hippopotame endormi. Pas un mot n'est échangé entre les chasseurs. S'ils réussissent à s'approcher de l'animal, le plus hardi lui plonge son harpon dans le ventre. A ce harpon est attachée une corde, au bout de laquelle se trouve un flotteur.

Le moment est critique.

Chaque canotier saisit sa pagaye et déploie toute son énergie pour se mettre hors d'atteinte du monstre qui, affolé par la douleur, se débat un instant dans l'eau écumante. Les yeux injectés de sang, la gueule béante et formidable, dont les dents, en se choquant, produisent des étincelles, il se met vite à la poursuite de ses ennemis. Son aspect est tout à la fois hideux et terrifiant. Malheur au chasseur qui se trouve à sa portée! D'un seul coup de sa puissante mâchoire, l'animal furieux peut lui enlever un membre et même le couper en deux.

Parfois, l'hippopotame se rue sur le frêle canot, lui fait une voie d'eau ou le met en pièces. Alors les chasseurs, s'ils ne sont pas atteints du même coup par les défenses de l'animal, plongent et réussissent ainsi à lui échapper, car il ne les cherche qu'à la surface. Il n'est que temps pour eux de gagner la rive.

Cependant, l'hippopotame déçu abandonne sa poursuite et plonge à son tour pour échapper à l'aiguillon qui le torture; mais il revient de moment en moment pour rafraîchir ses poumons d'une prise d'air. Le harpon a fait son œuvre : le fer, une fois entré dans la chair, n'en peut plus sortir, à cause de l'épaisseur et de la résistance de la peau de l'animal.

Affaibli par la perte de son sang, qui rougit l'eau, la bête finit par succomber, procurant enfin aux chasseurs la riche proie convoitée par eux. Ils l'amènent sur la rive, grâce à la longue corde enroulée au harpon. Si elle ne meurt pas assez vite, cette corde est enroulée autour d'un gros arbre, et les chasseurs réunissent leurs forces pour fatiguer leur capture comme un pêcheur fatigue un saumon. Lorsqu'un animal a la vie dure et qu'il emporte ligne et flotteur, plusieurs canots lui donnent la chasse, et il est assailli d'une grêle de javelines, chaque fois qu'il se présente à la surface de l'eau pour respirer.

Il y a encore d'autres manières de tuer l'hippopotame; l'une d'elles est établie sur la connaissance de ce fait que l'animal ne sort de l'eau que le soir, pour venir paître comme un ruminant.

Après avoir dévoré roseaux, joncs, jeunes pousses d'arbustes et, dans les endroits cultivés, ravagé le maïs et le millet, il regagne le fleuve exactement par le chemin qu'il a suivi. Les chasseurs noirs l'attendent donc au passage; un d'eux est armé d'un harpon au fer recourbé, attaché à une corde de plusieurs mètres. L'hippopotame est ramené au fleuve par les cris des chasseurs, qui battent aussi du tambour ou allument des torches. L'animal opère une prudente retraite, mais il vient en quelque sorte se présenter au harpon qui l'attend. Blessé, il précipite sa course, se jette à l'eau, se cache : ses efforts sont vains; ils ne font qu'agrandir la plaie qu'il porte au flanc. Au jour, les chasseurs, montés dans leurs canots et guidés par le flotteur dont la corde est munie, achèvent de le tuer.

Certaines peuplades africaines creusent des fosses profondes, recouvertes de branchages et de terre; au fond de ces fosses, des pieux, de bois très dur, présentent leur pointe aiguë. La lourde bête, en passant sur ce piège, tombe au fond de la fosse et s'y blesse cruellement; on l'achève à coups de lance ou d'épieu.

Les habitants des bords du Nil ont encore

Fig. 10. — Piège à hippopotame.

une autre manière d'attaquer l'hippopotame :
ils tendent des filets à mailles très fortes,

dans lesquels l'animal s'embarrasse. Il leur est alors facile d'en venir à bout à coups de lance.

Dans leur chasse aux hippopotames, les noirs de l'Afrique australe choisissent, comme partout, la tombée du jour, qui est, nous l'avons dit, le moment où l'animal s'en va hors de l'eau chercher sa nourriture. On le voit s'avancer remuant ses petites oreilles pointues, d'une flexibilité extrême. Il s'agit pour lui de s'assurer qu'aucun danger ne le menace. Dans les sentiers que ces amphibies se sont frayés à travers les roseaux épais, les Cafres enfoncent des pieux, dont les pointes, durcies au feu, demeurent hors de terre. Ils se mettent ensuite à poursuivre les hippopotames, qui, reprenant en toute hâte le chemin de la rivière ou du marais, s'enfoncent les épieux dans la poitrine et se blessent mortellement.

Les bandes d'hippopotames sont parfois nombreuses; mais on n'en peut juger que par les têtes qui apparaissent successivement à la surface de l'eau pour venir respirer. Leur souffle fait jaillir de leurs narines une colonne d'eau, à deux ou trois pieds d'élévation.

Ces animaux recherchent les endroits où les rivières sont paisibles, afin de n'avoir pas à lutter contre le courant et de pouvoir dormir tranquillement. Ils passent toute la journée à sommeiller et à bâiller; leurs paupières demeurent ouvertes, mais ils ne voient pas. Leur peau, d'un rouge foncé, est marquée de grandes taches noires; au soleil, leur corps humide paraît d'un gris bleu. La couleur des femelles est moins foncée.

Pendant son premier âge, le petit de l'hippopotame se tient sur le cou de sa mère, et celle-ci, sachant que le jeune amphibie a besoin de respirer plus souvent qu'elle, paraît fréquemment au-dessus de l'eau.

On peut croire que l'hippopotame est doté de peu d'intelligence; toutefois, la crainte du danger provoque chez lui la réflexion. Livingstone a observé que dans le Zambèse, où il n'a guère de sujets d'alarme, il respire à pleine poitrine, la tête tout entière hors de l'eau, tandis qu'ailleurs, dans les rivières où on lui fait une chasse active, il se tient caché au milieu des plantes aquatiques, ne mettant à l'air que ses naseaux, et respirant si doucement que son existence n'est trahie que par les empreintes de ses pieds sur les rives fangeuses.

L'hippopotame vit dans les mêmes lieux que le crocodile; mais celui-ci n'a garde de s'attaquer à celui-là. Dans la plupart des fleuves et des lacs africains, crocodiles et hippopotames vivent en parfait accord.

LA
CHASSE AUX SINGES

DANS LA BASSE-COCHINCHINE.

Lorsqu'on remonte la rivière de Saïgon, on traverse un pays plat, coupé d'une infinité de cours d'eau. Ce pays est extrêmement boisé ; les palmiers, les bananiers, les bois de teck, y croisent leurs larges feuillages.

Les bords de la rivière sont couverts de palétuviers et de grands arbres, habités par toute une population de singes, qui paraissent vivre en bonne intelligence avec de nombreux perroquets ; les perroquets s'égosillent, les singes gambadent. Comme la rivière n'est pas très large partout, les commandants des navires font tourner les ver-

gues dans le sens de la quille; sans cette précaution, la mâture s'embarrasserait dans
les branches et les lianes de la forêt rive-
raine.

Plus d'une fois cela est arrivé; et les sin
ges ont trouvé plaisant de venir faire une
promenade dans les agrès du navire, et de
faire pleuvoir sur l'équipage, du haut des
mâts, une grêle de noix de coco; de sorte
qu'il a fallu livrer bataille et se frayer un
passage à coups de fusil.

Les singes et les babouins sont, sans con-
tredit, les plus nombreux mammifères de
l'Indo-Chine. Les animaux de nature imi-
tative et grotesque se multiplient à mesure
que l'on approche de l'équateur. En effet,
c'est dans la presqu'île de Malacca que l'on
rencontre les gibbons à longs bras et, plus
au sud, Bornéo a été surnommée à juste
titre, par Richard Wallace, « la patrie de
l'orang-outang ».

Les indigènes soutiennent une lutte sans

Fig. 11. — Babouins.

trêve contre ces ennemis de petite taille ; car en une seule nuit toute une récolte de riz, de cannes à sucre et de fruits peut disparaître à la suite d'une de leurs invasions. On en a vu, dans un champ de cannes à sucre, qui rassasiés outre mesure et leurs petits ventres rebondis, de leurs doigts infatigables cassaient machinalement les jeunes tiges des succulentes graminées, sans songer même à les approcher de leurs bouches repues et comme par une habitude de destruction. C'est avec de grands cris, en faisant retentir les gongs, et en allumant des torches qu'on parvient à mettre en fuite ces hordes de pillards.

Mais les Annamites ne vivent pas au milieu des champs ; la cabane isolée, renfermant le cultivateur et sa famille, y est une exception des plus rares ; on parcourt de très grands espaces, le long des digues étroites posées sur les rizières, sans rencontrer aucune habitation qui rappelle l'idée de la ferme.

Les indigènes préfèrent se grouper en villages; et quels singuliers villages!

« Dans la vague étendue du cadre gris-perle dont le ciel embu des tropiques l'enveloppe, dit M. Edgar Amé, l'indéfinie et monotone rizière, jaune ou verte, continue toujours de fuir sans une habitation. Et tout à coup, à la limite confuse du sol et de l'azur, quelques arbres, des aréquiers le plus souvent, se lèvent. Autour des aréquiers circule une haie gigantesque de bambous en fers de lance. Dans ce fouillis de verdure, qui s'arrondit gaiement en corbeille sur la platitude morne de la plaine, des fumées d'or s'enroulent; un ou deux toits de tuile rougissent; des toits beaucoup plus nombreux de chaume brillent comme autant de meules de paille. Si c'est le soir, le tam-tam, à coups réguliers, ou les pétards chinois retentissent. Si c'est le matin, le bruit assourdi des maisons au réveil vole dans les bouffées du vent.

« Vous ne voyez pas le fleuve, car la végétation des jardins met entre vous et lui, son rempart. La haie contournée, les fossés franchis, il se révèle en effet, houleux et énorme. Des barques de pêche à foison, des jonques marchandes dont les équipages sommeillent ; de lourds filets de coton bleu qui sèchent ; des buffles qui se baignent, avec un gamin perché sur le garrot ; des pilotis tortus, portant des claies légères qui forment terrasse, et, sur ces terrasses primitives, des logements plus primitifs encore : quatre pieux, un toit de branchages, un de torchis, une estrade basse servant de couche.

« Puis, sur la berge, une file tassée de cahutes, ouvertes face aux eaux, les reins appuyés à de petites exploitations potagères, que les aréquiers et les bambous rafraîchissent d'une ombre maigre. De gros cochons noirs endormis sur les seuils ; des roquets rouges bataillant autour

Fig. 12. — Le douc.

d'une proie ; une population pressée de femmes en longues robes de toile brune, d'hommes demi-nus en courtes culottes grises. A votre approche, femmes, chiens, cochons s'éclipsent, très rapidement et très craintivement. Il ne demeure sur la rue ou sur les portes que les hommes hésitants et des marmots fûtés. »

Les habitants du village ont décidé d'unir leurs bras, ou plutôt leurs gourdins, pour purger la campagne environnante d'une troupe de singes, qui s'y donne carrière un peu trop librement. Cette chasse peut avoir un double objet ; car les Annamites ne dédaignent point la chair du singe, piquée d'épices, pour améliorer leur régime.

Il a donc été décidé qu'on tendrait un piège aux singes du voisinage, en leur offrant leur plat de prédilection. Pour cela on fait crever du riz à l'étuvée, dans une grande marmite. Une partie de ce riz appétissant est servie sur le couvercle retourné. Au restant de ce que contient la marmite, on mélange quelques poignées de forts piments, réduits en poudre.

L'appât est disposé, très en vue, et les chasseurs se cachent aux environs, épiant ce qui va se passer.

Un singe arrive, puis deux, puis trois; un quatrième les suit; ils s'avancent prudemment. Leur face est rouge, avec une barbe d'un blanc jaunâtre autour des joues; ils ont les lèvres noires et les yeux cerclés de noir, le dessus de la tête et le corps gris, blanc dans les lombes, avec un collier d'un brun pourpre, la poitrine et le ventre jaune, les jambes blanches en bas, noires en haut; leur queue, assez longue, est blanche aussi, leurs pieds sont noirs; les uns marchent sur deux pieds, les autres sur quatre. Leur taille est de $1^m,15$ à $1^m,30$, lorsqu'ils sont debout. A ces caractères distinctifs on reconnaît les *doucs*, qui dominent dans la Cochinchine; ils participent du singe, du babouin et de la guenon.

Le nombre des doucs qui viennent s'inviter au festin préparé augmente à vue d'œil.

Maintenant ils sont dix, quinze, vingt : on ne les compte plus. Le plus hardi s'approche de la marmite, tend vers le riz une main avide, la porte pleine à sa bouche et fait une grimace de satisfaction; c'est le signal du pillage : le reste de la bande se précipite, se bouscule; c'est à qui arrivera le plus vite à qui aura la plus grosse part. Dans cette mêlée de singes, le couvercle est projeté au loin; mais la marmite s'offre à leur gourmandise, pleine du riz pimenté. L'assaisonnement n'est pas tout à fait de leur goût, mais ils n'y regardent pas de si près; seulement, les larmes leur viennent aux yeux, et comme ils n'ont pas d'autre moyen d'essuyer leurs yeux que d'y porter les mains trempées de sauce au piment, ils y déterminent une violente cuisson, qui les aveugle.

Alors commence une scène indescriptible : chaque singe, par des cris aigus, des grimaces risibles et des gestes désordonnés, essaye de faire comprendre aux autres — qui n'y voient pas mieux que lui et souffrent tout autant — les sensations qu'il éprouve et le supplice qu'il endure.

C'est le moment où les chasseurs entrent en scène. Armés de solides bâtons, ils tombent à bras raccourcis sur les déplorables victimes de la gourmandise. Chaque coup, vigoureusement asséné sur la tête, jette à bas une pièce de gibier. C'est promptement fait ; on pourrait ajouter : et fait en silence, car les chasseurs doivent s'abstenir de parler s'ils ne veulent déceler leur présence et voir la troupe entière, malgré sa cécité momentanée, se disperser dans toutes les directions. Ils s'exposeraient à revenir bredouilles : or, les ménagères annamites guettent de loin leur retour.

D'habitude, on épargne les plus jeunes ;

on s'empare d'eux et on leur lie les pattes derrière de dos : ils serviront d'amusement aux enfants, en attendant d'aller figurer à leur tour dans le garde-manger.

Il ne faut pas croire que ces chasses, bien que souvent répétées, éclaircissent sensiblement les phalanges de ces animaux malfaisants. L'Indo-Chine semble la terre de prédilection des singes. C'est qu'en effet outre les fruits sauvages qu'ils peuvent cueillir dans les forêts, parmi une telle variété d'arbres que l'on ne compte pas moins d'une centaine d'essences différentes, les quadrumanes mettent encore à contribution les arbres fruitiers qui remplissent les vergers annamites et bordent les *arroyos* (petits cours d'eau) : le mangoustanier, le manguier, le figuier de Banian, le jaquier, le pommier d'acajou, le goyavier, le bananier, l'oranger, le pamplemousse, le citronnier, le tamarinier, qui tous donnent des fruits exquis. Lesquels nommer encore ? Un figuier, le *va*, dont les fruits sortent du tronc même, un grand arbre appelé le *vaï,* qui remplace notre cerisier et porte en grappes, des fruits qui ont la forme d'un cœur et la grosseur d'un œuf de pigeon, le *myrte* qui montre les fruits les plus gros. Les ananas abondent aussi en Cochinchine.

Nos singes doucs, quand ils sont bien repus, se divertissent de préférence parmi les cocotiers, dont les noix leur fournissent un lait rafraîchissant ou une amande ainsi qu'un jouet attrayant.

Dans leurs courses folles de branche en branche, ils s'oublient parfois jusqu'à frayer avec les crocodiles qui, eux aussi, se livrent à la chasse aux singes.

M. Henri Mouhot a vu un grand nombre de crocodiles dans la rivière de Chantaboun, qui se jette dans le golfe de Siam, et il s'est fort diverti de la manière dont ces amphibies attrapent les singes qu'une malicieuse fantaisie pousse à les taquiner.

« Au bord du rivage, dit-il, le crocodile, le corps enfoncé dans l'eau, ne laisse dépasser que sa gueule grande ouverte, afin de saisir tout ce qui passera à sa portée. Une troupe de singes vient-elle à l'apercevoir, ils semblent se concerter, s'approchent peu à peu et commencent leur jeu, tour à tour acteurs et spectateurs. Un des plus agiles ou des plus imprudents arrive de branche en branche jusqu'à une distance respectueuse du crocodile, se suspend par une patte, et avec la dextérité de sa race, s'avance, se retire, tantôt allongeant un coup de patte à son adversaire, tantôt feignant, seulement de le frapper. D'autres, amusés du jeu, veulent se mettre de la partie, mais les autres branches étant trop élevées, ils forment la chaîne en se tenant les uns les autres suspendus par les pattes; ils se balancent ainsi, tandis que celui qui se trouve le plus rapproché de l'animal amphibie le tourmente de son mieux.

« Parfois, la terrible mâchoire se referme, mais sans saisir l'audacieux singe : ce sont alors des cris de joie et des gambades; mais aussi parfois une patte est saisie dans l'étau, et le voltigeur entraîné sous les eaux avec la promptitude de l'éclair. Toute la troupe se disperse alors, en poussant des cris et des gémissements; ce qui ne les empêche pas de recommencer le même jeu quelques heures après. »

FIN.

TABLE

TYPOGRAPHIE
FIRMIN-DIDOT
MESNIL (EURE).